此笔记本属于

_____

U0211107

格兰芬多

这里有埋藏在   心底的勇敢

霍格沃茨魔法学校四学院之一，以学校创始人戈德里克·格兰芬多的名字命名。格兰芬多塔楼的门口挂着胖女士的画像，必须要说出正确的口令才能进入休息室。在电影中，格兰芬多公共休息室和宿舍全都是由深红色和金色装饰的——这也是格兰芬多的学院色。

米勒娃·麦格

麦格教授是格兰芬多学院的院长，在整个系列电影中，一直是学校的变形课教授。她也担任过霍格沃茨的副校长和校长，还是凤凰社的成员之一。

哈利·波特

分院帽考虑过把哈利分进斯莱特林学院，但他最终还是来到了格兰芬多。"……看得出很有勇气。心地也不坏。"在《哈利·波特与魔法石》中分院帽这样评价道，"有天分，不错——你有急于证明自己的强烈愿望，那么，很有意思……我该把你分到哪里去呢？"分院帽犹豫再三，最后还是同意了哈利想要成为一名格兰芬多的强烈愿望。

赫敏·格兰杰

有天分又好学的赫敏是麻瓜家庭出身，轮到她的时候，分院帽毫不犹豫地喊出了"格兰芬多"。赫敏很早就展现出了对朋友的忠诚——在《哈利·波特与魔法石》中的巨怪事件发生后，她为哈利和罗恩撒了谎，让他们逃过了责罚。

罗恩·韦斯莱

"哈！又来一个韦斯莱！不用想也知道该把你分到哪儿——格兰芬多！"在第一部电影《哈利·波特与魔法石》里的分院仪式上，分院帽按照韦斯莱家族的惯例，把罗恩和他的哥哥们分到了同一个学院。

哈利·波特

格兰芬多学院笔记

美国华纳兄弟公司/编写

人民文学出版社编辑部/译

人民文学出版社
PEOPLE'S LITERATURE PUBLISHING HOUSE

图书在版编目（CIP）数据

哈利·波特．格兰芬多学院笔记/美国华纳兄弟公司编写；人民文学出版社编辑
部译．—北京：人民文学出版社，2021
　ISBN 978-7-02-014882-0

Ⅰ.①哈… Ⅱ.①美…②人… Ⅲ.①本册 Ⅳ.①TS951.5

中国版本图书馆CIP数据核字（2021）第106764号

责任编辑　邝　芮　王琬舒
美术编辑　刘　静
责任印制　宋佳月

出版发行　人民文学出版社
社　　址　北京市朝内大街166号
邮政编码　100705

印　　刷　上海中华印刷有限公司
经　　销　全国新华书店等

字　　数　2千字
开　　本　889毫米×1194毫米　1/32
印　　张　6
印　　数　1—5000
版　　次　2019年9月北京第1版
印　　次　2021年9月第1次印刷

书　　号　978-7-02-014882-0
定　　价　59.00元

如有印装质量问题，请与本社图书销售中心调换。电话：010-65233595

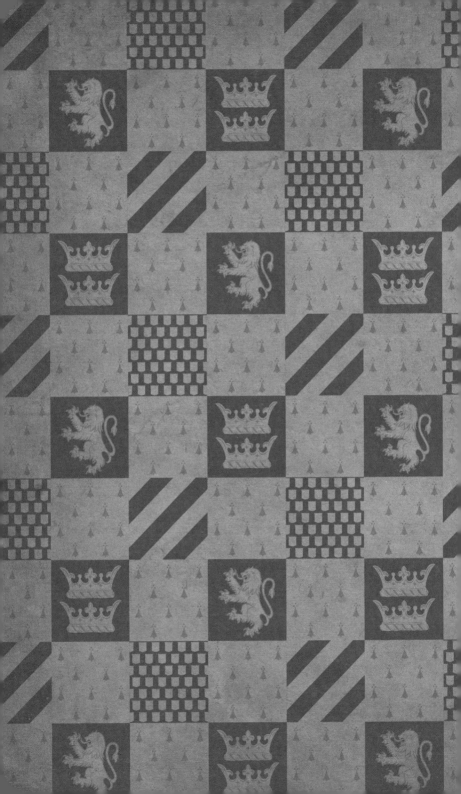